essentials

essentials liefern aktuelles Wissen in konzentrierter Form. Die Essenz dessen, worauf es als „State-of-the-Art" in der gegenwärtigen Fachdiskussion oder in der Praxis ankommt. *essentials* informieren schnell, unkompliziert und verständlich

- als Einführung in ein aktuelles Thema aus Ihrem Fachgebiet
- als Einstieg in ein für Sie noch unbekanntes Themenfeld
- als Einblick, um zum Thema mitreden zu können

Die Bücher in elektronischer und gedruckter Form bringen das Expertenwissen von Springer-Fachautoren kompakt zur Darstellung. Sie sind besonders für die Nutzung als eBook auf Tablet-PCs, eBook-Readern und Smartphones geeignet. *essentials:* Wissensbausteine aus den Wirtschafts-, Sozial- und Geisteswissenschaften, aus Technik und Naturwissenschaften sowie aus Medizin, Psychologie und Gesundheitsberufen. Von renommierten Autoren aller Springer-Verlagsmarken.

Weitere Bände in der Reihe http://www.springer.com/series/13088

Jan-Uwe Schmidt

Kiebitzinseln in der Agrarlandschaft

Von der Störstelle zum Habitat

Jan-Uwe Schmidt
TU Dresden
Dresden, Deutschland

ISSN 2197-6708 ISSN 2197-6716 (electronic)
essentials
ISBN 978-3-658-20194-4 ISBN 978-3-658-20195-1 (eBook)
https://doi.org/10.1007/978-3-658-20195-1

Die Deutsche Nationalbibliothek verzeichnet diese Publikation in der Deutschen Nationalbibliografie; detaillierte bibliografische Daten sind im Internet über http://dnb.d-nb.de abrufbar.

Springer Vieweg
© Springer Fachmedien Wiesbaden GmbH 2018
Das Werk einschließlich aller seiner Teile ist urheberrechtlich geschützt. Jede Verwertung, die nicht ausdrücklich vom Urheberrechtsgesetz zugelassen ist, bedarf der vorherigen Zustimmung des Verlags. Das gilt insbesondere für Vervielfältigungen, Bearbeitungen, Übersetzungen, Mikroverfilmungen und die Einspeicherung und Verarbeitung in elektronischen Systemen.
Die Wiedergabe von Gebrauchsnamen, Handelsnamen, Warenbezeichnungen usw. in diesem Werk berechtigt auch ohne besondere Kennzeichnung nicht zu der Annahme, dass solche Namen im Sinne der Warenzeichen- und Markenschutz-Gesetzgebung als frei zu betrachten wären und daher von jedermann benutzt werden dürften.
Der Verlag, die Autoren und die Herausgeber gehen davon aus, dass die Angaben und Informationen in diesem Werk zum Zeitpunkt der Veröffentlichung vollständig und korrekt sind. Weder der Verlag noch die Autoren oder die Herausgeber übernehmen, ausdrücklich oder implizit, Gewähr für den Inhalt des Werkes, etwaige Fehler oder Äußerungen. Der Verlag bleibt im Hinblick auf geografische Zuordnungen und Gebietsbezeichnungen in veröffentlichten Karten und Institutionsadressen neutral.

Gedruckt auf säurefreiem und chlorfrei gebleichtem Papier

Springer Vieweg ist Teil von Springer Nature
Die eingetragene Gesellschaft ist Springer Fachmedien Wiesbaden GmbH
Die Anschrift der Gesellschaft ist: Abraham-Lincoln-Str. 46, 65189 Wiesbaden, Germany

Was Sie in diesem *essential* finden können

- Hintergrundwissen zur Vogelart Kiebitz
- Ideen zum Umgang mit Nassstellen auf Äckern
- Informationen zur Anlage von Kiebitzinseln
- Praktische Tipps zur Nutzung von Luftbildern bei der Planung solcher Agrarumweltmaßnahmen

Inhaltsverzeichnis

1	Einleitung..	1
2	Nassstellen in Äckern – Problem oder Chance?...................	3
3	Zielart Kiebitz...	7
4	Anlage einer Kiebitzinsel....................................	9
5	Verwendung von Luftbildern bei der Planung...................	13
6	Fazit..	15
	Literatur..	19

Einleitung 1

Industrielle Landwirtschaft ist in Mitteleuropa die vorherrschende Form der Agrarproduktion. Mit hohem Kapital- und geringem Arbeitskräfteeinsatz werden große Flächenerträge erzielt. Aufgrund des hohen Maschinisierungsgrades findet der Anbau überwiegend großflächig statt. Ziel der Flächenpflege ist eine größtmögliche Homogenität, um einen weitgehend gleichförmigen, effizient zu bewirtschaftenden Kulturbestand zu erzeugen. Demgegenüber steht die Vielfalt der vorherigen Kulturlandschaft, die vor allem in den Anfangsjahren der industriellen Landwirtschaft zugunsten ausgedehnter Nutzflächen verringert wurde.

Der Verlust an kulturlandschaftstypischen Strukturelementen, der Einsatz von Agrochemikalien, die Nutzung immer effizienterer Maschinen und die stetige Optimierung von Produktionsprozessen (von der Sortenwahl bis zum Düngemitteleinsatz) haben im 20. Jahrhundert zu beispiellosen Produktionssteigerungen geführt. Diese aus Sicht der Ernährungssicherheit zunächst positive Entwicklung hatte mit fortschreitender Intensivierung zunehmend negative Begleiteffekte, die geradezu ein Paradebeispiel für fehlende Nachhaltigkeit sind. Der massive Verlust der Artenvielfalt bei Tier- und Pflanzenarten landwirtschaftlicher Nutzflächen ist nur ein Beispiel. Die Umlagerung von Bodenmaterial, Stoff- und Materialeinträge in Oberflächengewässer und Grundwasser sowie der Verlust der oftmals landschaftsprägenden Eigenart und Schönheit der vorindustriellen Kulturlandschaft sind weitere Konfliktfelder.

Die Vielfalt der in einem Raum vorkommenden Tier- und Pflanzenarten ist in der Regel dann besonders hoch, wenn kleinräumig eine Vielzahl möglicher Lebensräume existiert. In der vorindustriellen Agrarlandschaft war dies durch die kleinen Felder, die extensive Produktionsweise, die zeitlich gestaffelten Mahd- und Erntetermine und nicht zuletzt die vielen Raine und (unbefestigten) Feldwege der Fall. Heute widerspricht dies diametral den Anforderungen industrieller Landwirtschaft an die Wirtschaftsflächen.

© Springer Fachmedien Wiesbaden GmbH 2018
J.-U. Schmidt, *Kiebitzinseln in der Agrarlandschaft,* essentials,
https://doi.org/10.1007/978-3-658-20195-1_1

Insofern ist es nicht verwunderlich, dass viele Tier- und Pflanzenarten auf den heutigen Landwirtschaftsflächen keinen Lebensraum mehr finden. Hier bieten so genannte nutzungsintegrierte Artenschutzmaßnahmen einen möglichen Lösungsansatz. Dabei werden kleinräumige Schutzmaßnahmen in Nutzflächen angeordnet und bestmöglich in den Produktionsablauf eingebettet.

Störstellen bieten sich dafür besonders an. Dies können z. B. steinige Kuppen, Nassstellen oder ehemalige Feldwege sein, wo die Erträge infolge der lokalen Standorteigenschaften ohnehin reduziert sind. Auf Luftbildern sind diese „Problemzonen" meist sehr gut erkennbar (vgl. Abb. 5.1).

Nassstellen in Äckern – Problem oder Chance? 2

Nassstellen auf landwirtschaftlichen Nutzflächen sind in vielen Regionen ein weit verbreitetes Phänomen (vgl. Abb. 2.1). Dies betrifft Acker- und Grünland gleichermaßen, wobei die Folgen für die Inwertsetzung im Grünland weit weniger gravierend sind. Auf Äckern hingegen verursachen lokale Vernässungen Ertragsminderungen, nicht selten bis hin zum Totalausfall der angebauten Kultur. Dauert die Vernässung auch während der Vegetationsperiode an, muss der Bereich infolge fehlender Befahrbarkeit zudem von der chemischen oder mechanischen Unkrautbekämpfung ausgespart werden, was im Weiteren zu Bewuchs mit, aus landwirtschaftlicher Sicht unerwünschten, Wildkräutern führt. Der Bereich muss dann auch bei der Ernte ausgespart und gesondert nachgepflegt werden, mit den entsprechenden Kosten. An manchen Nassstellen ist bereits die Bestellung unmöglich, sodass die Flächen verwildern.

Insofern sind Nassstellen für Landwirte Standorte mit einem hohen Ertragsausfallrisiko, welches aus wirtschaftlichen Gründen zu reduzieren ist. Handelt es sich um Pachtland, mindert eine neu entstandene Nassstelle zudem den Wert der Fläche und der Bewirtschafter drängt auch im Interesse eines guten Verhältnisses mit dem Eigentümer auf eine Beseitigung. Die Reaktion der Landwirte ist daher stets dieselbe. Nassstellen werden durch Anlage von Gräben oder Einbau unterirdischer Drainagen entwässert.

Insbesondere seit der Mitte des 20. Jahrhunderts wurden durch das Verlegen von Drainagerohren viele landwirtschaftliche Flächen trockengelegt. Die DDR führte dazu eine Statistik aus der hervorgeht, dass bis 1986 etwa 1 Mio. ha drainiert wurden, was ca. 1/6 der Nutzfläche entsprach (Statistisches Amt der DDR 1990). Dadurch konnten ehemals feuchtes Grünland in Ackerland umgewandelt und zuvor regelmäßig vernässende Äcker mit höherer Ertragssicherheit als zuvor bewirtschaftet werden.

© Springer Fachmedien Wiesbaden GmbH 2018
J.-U. Schmidt, *Kiebitzinseln in der Agrarlandschaft*, essentials,
https://doi.org/10.1007/978-3-658-20195-1_2

2 Nassstellen in Äckern – Problem oder Chance?

Abb. 2.1 Nassstelle in einem Ackerschlag. (Mit freundlicher Genehmigung von © Förderverein Sächsische Vogelschutzwarte Neschwitz e. V., Bodenbrüterprojekt, J.-U. Schmidt 2017. All Rights Reserved.)

Der Einbau neuer oder die Instandsetzung vorhandener Drainagen ist auch heute weit verbreitet, doch so sehr diese Vorgehensweise aus wirtschaftlicher Sicht nachvollziehbar ist, so wenig entspricht sie dem Nachhaltigkeitsprinzip. Neben monetären Erwägungen sollen dabei auch soziale und ökologische Aspekte in die Handlungsweisen einfließen.

Nassstellen in Äckern sind, ebenso wie andere Störstellen, zunächst einmal Inhomogenitäten im ansonsten weitgehend gleichförmigen Kulturbestand. Sie unterscheiden sich in vielerlei Hinsicht vom Rest der Fläche, weisen z. B. andere Bestandsstrukturen auf, besitzen eine höhere Bodenfeuchte oder beherbergen andere Arten. Dies macht sie aus ökologischer Sicht zu wertvollen Kleinhabitaten, die quasi als Inseln in den Kulturflächen liegen. Sie fungieren als Lebensraum für Tier- und Pflanzenarten und als Trittsteinbiotop im Biotopverbund. Sowohl die Einhaltung des Nachhaltigkeitsprinzips als auch die Schaffung bzw. der Erhalt von Landschaftselementen für den Biotopverbund sind übrigens nicht nur moralisch sondern auch gesetzlich für alle deutschen Landwirte verpflichtend (siehe Grundsätze der guten fachlichen Praxis gemäß § 5 Absatz 2 Sätze 2 und

3 BNatSchG). Nassstellen können dabei in besonderer Weise genutzt werden, einerseits diese Verpflichtungen zu erfüllen und andererseits das landwirtschaftliche Ertragsrisiko zu senken.

Vernässungen entstehen meist jährlich an denselben Stellen. Spontane Neubildungen in niederschlagsreichen Jahren sind möglich, ein Verschwinden ohne Zutun hingegen kaum. Stets ist ein gewisser Aufwand für die Entwässerung nötig. Nicht selten bildet sich bereits nach wenigen Jahren erneut eine Nassstelle, weil die Drainage durch Ablagerungen von Feinsediment nicht mehr ausreichend funktioniert. Erneut sind Ertragsausfälle die Folge. Dieser Kreislauf kann durchbrochen werden, wenn die vernässende Fläche mit einer geeigneten Agrarumweltmaßnahme ausgestattet wird. Dies bedeutet zwar zunächst, den Bereich aus der Produktion zu nehmen, es bedeutet aber nicht, auf Ertrag zu verzichten. Der unsichere Erlös aus landwirtschaftlicher Produktion wird durch eine fixe Prämie für die Agrarumweltmaßnahme ersetzt. Dies schafft einerseits Sicherheit und reduziert in der Regel auch den Pflegeaufwand, gleichzeitig werden gesellschaftliche Verpflichtungen und Erwartungen bezüglich des Erhalts der Biodiversität auf landwirtschaftlichen Flächen erfüllt.

Bei der Ausgestaltung der Nassstelle für den Naturschutz gibt es wiederum verschiedene Möglichkeiten (siehe z. B. Berger und Pfeffer 2011). Im Zuge dieses Entscheidungsprozesses besteht gemäß der Förderregularien zwar Wahlfreiheit seitens der Antragsteller, es ist aber sinnvoll die Maßnahmen an Zielen auszurichten und dementsprechend auszuwählen.

In der bisherigen Förderpraxis wurde dieser Aspekt oft nur unzureichend berücksichtigt. Dies führte zu geringen Beantragungsquoten und zu einem noch geringeren, de facto nicht messbaren Effekt der Agrarumweltmaßnahmen auf mögliche Biodiversitätsziele (Kleijn et al. 2001, 2004; Heldbjerg et al. 2017). Dabei liegen sehr gute Ergebnisse vor, die zeigen, dass durch zielgerichtete Artenschutzmaßnahmen Erfolge erzielt werden können (z. B. Aebischer et al. 2000; Evans und Green 2007). Dies betrifft insbesondere Arten mit punktuellen Verbreitungsschwerpunkten, welche wiederum aus konkreten Habitatansprüchen resultieren (Evans und Green 2007).

Vogelarten sind dabei besonders geeignet, als Zielarten zu fungieren. Sie sind einfach nachweisbar, was die Erfolgskontrollen erleichtert. Zudem sind sie den Landwirten in der Regel bekannt und meist positiv besetzt, was die Beratungsgespräche vereinfacht. Der Kiebitz ist aufgrund seines attraktiven Äußeren, des auffälligen Balzverhaltens und der Vorliebe für Nassstellen geradezu der Idealfall einer möglichen Zielart für Schutzmaßnahmen. Darüber hinaus kann der Erfolg einer möglichen Maßnahme anhand der vergleichsweise gut zu beobachtenden Vögel sehr gut ermittelt werden.

Zielart Kiebitz 3

Der Kiebitz *(Vanellus vanellus)* (vgl. Abb. 3.1) ist ursprünglich eine Charakterart feuchter Niederungen. Wie viele mitteleuropäische Offenlandarten ist der Kiebitz ein sogenannter Kulturfolger, der die vom Menschen im Zuge der Urbarmachung der zuvor waldreichen Landschaft geschaffenen neuen Lebensräume auf Feldern, Wiesen und Weiden nutzte. Mit der Intensivierung der Landwirtschaft endete diese (ungewollt erzeugte) Koexistenz und der Kiebitz ist heute in weiten Teilen Deutschlands selten. Der Bestandsrückgang betrug zwischen 1980 und 2005 mehr als 50 %, was trotz der noch verbliebenen ca. 68.000 bis 100.000 Brutpaare zur Einstufung in die Rote Liste, Kategorie „stark gefährdet", führte (Grüneberg et al. 2015).

Abseits der Küsten brütet die überwiegende Zahl der Paare auf Äckern, meist an Nassstellen (z. B. Bollmeier 1992; Grüneberg und Schielzeth 2005). Dies liegt an der Präferenz für Standorte, die im zeitigen Frühjahr (Mitte März bis Anfang April) eine gehemmte Vegetationsentwicklung anzeigen. Anders als die meisten anderen Arten, brütet der Kiebitz auch auf völlig vegetationsfreien Flächen. Dies können auch frisch bestellte Äcker mit Sommergetreide oder noch unbestellte Flächen für so genannte späte Sommerungen (z. B. Mais, Sonnenblumen, Zuckerrüben) sein. Während die Sommergetreidefelder gute Bedingungen bieten, werden viele Kiebitzgelege auf den Feldern für späte Sommerungen bei der Bodenbearbeitung im April ungewollt zerstört. In den letzten Jahren hat der Anteil dieser Flächen stark zugenommen, während der Sommergetreideanbau seit Jahrzehnten stetig zurückgegangen ist. Insofern wäre es von großer Bedeutung, Nassstellen so herzurichten, dass die Vögel sicher brüten können.

Abb. 3.1 Warnendes Kiebitzmännchen. (Mit freundlicher Genehmigung von © Förderverein Sächsische Vogelschutzwarte Neschwitz e. V., Bodenbrüterprojekt, J.-U. Schmidt 2017. All Rights Reserved.)

Anlage einer Kiebitzinsel 4

Die Anlage einer Kiebitzinsel ist sehr einfach. Dabei wird bei der Bestellung im Spätsommer/Herbst eine Schwarzbrache im Bereich der Nassstelle angelegt. Aufgrund des Fehlens der Vegetationsdecke im Winterhalbjahr bildet sich die Nassstelle meist deutlicher aus als dies ohne intensive Bearbeitung der Fall wäre. Im Frühjahr zeichnet sich die, infolge Bearbeitung und Bodenfeuchte, kahle Fläche inmitten der umgebenden Kultur sehr gut ab und ist für den Kiebitz als Brutplatz attraktiv. Im weiteren Verlauf der Saison stellt sich Vegetation ein, die im Spätsommer/Herbst erneut durch Bodenbearbeitung vollständig beseitigt werden muss. So entsteht eine einjährige, selbstbegrünte Brache (vgl. Abb. 4.1).

Die Idee für Kiebitzinseln stammt aus England (Chamberlain et al. 2009; MacDonald et al. 2012). Für Mitteleuropa erfolgte eine mehrjährige Untersuchung im sächsischen Bodenbrüterprojekt (Schmidt et al. 2015). Dabei kam heraus, dass Kiebitzinseln eine Mindestgröße von ca. 2 ha besitzen, eine geringe Vegetationsbedeckung aufweisen und über eine Wasserfläche verfügen müssen (Schmidt et al. 2017). Zudem erwiesen sich Kiebitzinseln an traditionellen Brutplätzen als besonders erfolgreich.

Die Ausstattung einer Kiebitzinsel mit einer Wasserfläche hat vor allem für die Ernährung Vorteile. Da Kiebitze sich von Bodeninsekten oder oberflächennah im Erdboden lebenden Organismen ernähren (z. B. Shrubb 2007), sind Schlammflächen ideal für die Nahrungssuche. Die Feldlache sollte daher am besten nicht gleich zu Beginn der Brutzeit (im April) austrocknen, damit auch die Jungen noch ausreichend Nahrung finden. Die Mindestgröße von 2 ha resultiert vor allem daraus, dass Kiebitze ihr Nest natürlich nicht in die Mitte der Nassstelle platzieren, sondern im Randbereich. Daher ist es besonders wichtig, neben dem eigentlichen Vernässungsbereich ausreichend Platz für die Nestanlage zur Verfügung zu stellen. Dies lässt sich insbesondere auf den großen Schlägen Nord- und Ostdeutschlands leicht realisieren.

© Springer Fachmedien Wiesbaden GmbH 2018
J.-U. Schmidt, *Kiebitzinseln in der Agrarlandschaft*, essentials,
https://doi.org/10.1007/978-3-658-20195-1_4

Abb. 4.1 Kiebitzinsel in Winterroggen Ende Mai – infolge der herbstlichen Bodenbearbeitung und anhaltend hoher Bodenfeuchte bleibt der Bewuchs niedrig. (Mit freundlicher Genehmigung von © Förderverein Sächsische Vogelschutzwarte Neschwitz e. V., Bodenbrüterprojekt, J.-U. Schmidt 2017. All Rights Reserved.)

Die möglichst große Fläche hat, ebenso wie die geringe Vegetationsbedeckung, noch einen weiteren Vorteil. Kiebitze sind als Bodenbrüter auf offenen Flächen gegenüber Feinden (v. a. Füchse und Krähen) besonders gefährdet. Allerdings haben sich im Laufe der Evolution Strategien entwickelt, Gelegeverluste zu vermeiden. So sind die Eier hervorragend getarnt (vgl. Abb. 4.2). Zudem verlassen die Altvögel das Nest bei Gefahr rechtzeitig und attackieren mögliche Feinde, um sie abzulenken und zu vertreiben. Dieses Verhaltensrepertoire kann jedoch nur dann erfolgreich angewandt werden, wenn die Sichtbedingungen sehr gut sind. Auf zu kleinen Flächen wird die Sicht durch die im April hochwachsende Umgebungskultur schnell stark eingeschränkt. Gleiches gilt für zu viel Vegetation auf der Kiebitzinsel selbst. Die Einhaltung eines Mindestabstands von ca. 100 m zum Feldrand und zu vertikalen Strukturen (z. B. Hecken, Bäume, Masten) reduziert die Prädationsgefahr zusätzlich.

Sowohl in England als auch im sächsischen Bodenbrüterprojekt wurden zahlreiche weitere Arten auf den Kiebitzinseln dokumentiert (Chamberlain et al. 2009; MacDonald et al. 2012; Schmidt et al. 2015). Feldlerchen *(Alauda arvensis)* und

4 Anlage einer Kiebitzinsel

Abb. 4.2 Kiebitznest auf einer Kiebitzinsel. (Mit freundlicher Genehmigung von © Förderverein Sächsische Vogelschutzwarte Neschwitz e. V., Bodenbrüterprojekt, J.-U. Schmidt 2017. All Rights Reserved.)

Schafstelzen *(Motacilla flava)* brüteten auf der Mehrzahl der Flächen (Schmidt et al. 2017). Weitere Vogelarten nutzten die Kiebitzinseln zur Nahrungssuche während der Brutzeit oder auf dem Zug. Trotz der jährlichen Bodenbearbeitung wurden in Sachsen etwa 200 Pflanzenarten auf den Kiebitzinseln festgestellt (Schmidt et al. 2015, 2017). Zwar waren dies meist häufige Ackerwildkräuter, aber auch seltene Arten kamen vor, wie z. B. der deutschlandweit stark gefährdete Ysopblättrige Weiderich *(Lythrum hyssopifolia)* (Schmidt et al. 2015). Positive Effekte zeigten sich in England auch für den Feldhasen *(Lepus europaeus)* sowie Laufkäfer und andere Insektengruppen (MacDonald et al. 2012).

Verwendung von Luftbildern bei der Planung 5

Luftbilder können sehr gut für die Planung von Kiebitzinseln an Nassstellen genutzt werden. Vernässungsbereiche sind meist hervorragend zu erkennen (vgl. Abb. 5.1). Die Abstände zum Feldrand, zu Bäumen oder anderen Strukturelementen lassen sich ebenso wie die Flächengröße leicht abmessen. Die Kiebitzinsel kann dann zwischen die bestehenden Fahrgassen eingepasst werden.

Luftbilder sind sowohl bei verschiedenen Internetanbietern (z. B. Google, Microsoft) als auch bei den Landesvermessungsämtern frei verfügbar. In der landwirtschaftlichen Planung werden sie bereits vielfältig genutzt, z. B. zur Schlagabgrenzung im Zuge der Beantragung der Flächenförderung. In Kombination mit Daten zu Vorkommen seltener Arten (für Vögel z. B. aus der Ornitho-Datenbank www.ornitho.de) und den ohnehin vorhandenen Flächenkenntnissen von Landwirten und örtlichen Naturschützern könnten gemeinsam zielgerichtete Artenschutzmaßnahmen entwickelt und flächenkonkret umgesetzt werden. Dies würde den Effekt der Agrarumweltmaßnahmen voraussichtlich spürbar verbessern. Zudem ließe sich die Akzeptanz von Artenschutzmaßnahmen durch die Festlegung und Verwirklichung konkreter Ziele deutlich steigern.

© Springer Fachmedien Wiesbaden GmbH 2018
J.-U. Schmidt, *Kiebitzinseln in der Agrarlandschaft*, essentials,
https://doi.org/10.1007/978-3-658-20195-1_5

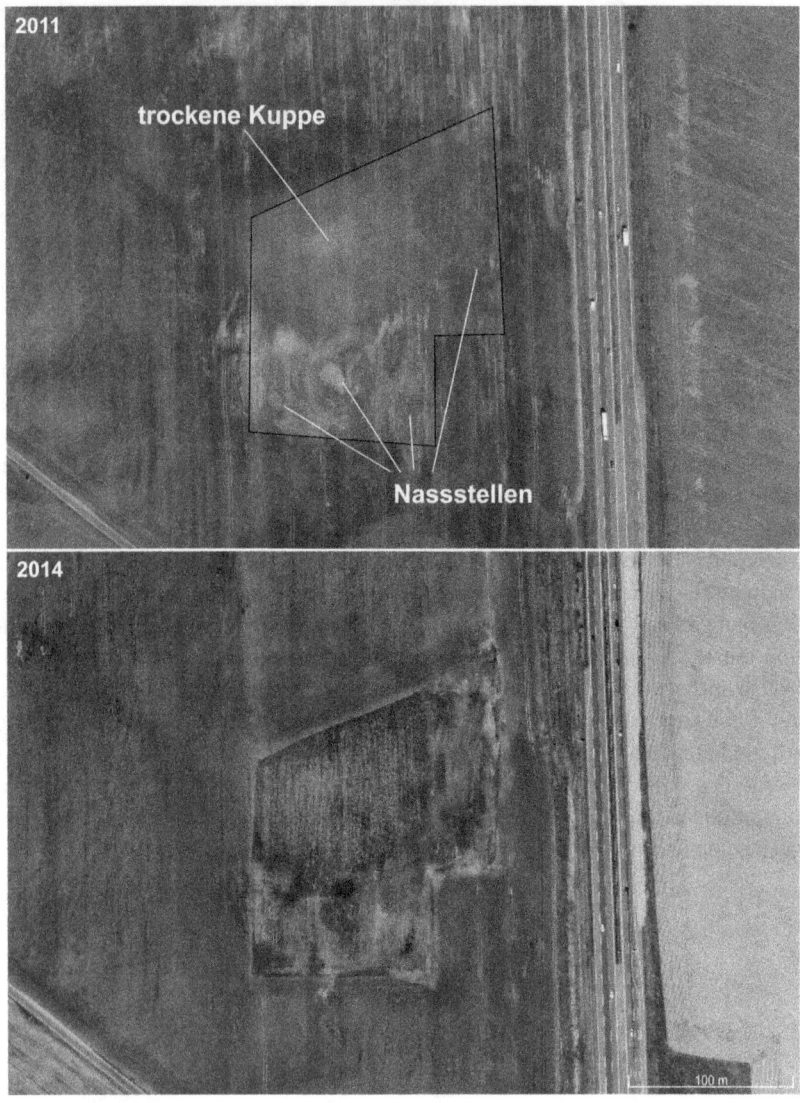

Abb. 5.1 Planung und Realisierung einer Kiebitzinsel an einer jährlich auftretenden Nassstelle. (Mit freundlicher Genehmigung von © Staatsbetrieb Geobasisinformation und Vermessung Sachsen (GeoSN) 2017. All Rights Reserved.)

Fazit 6

Nassstellen sind für Landwirte ein stetig wiederkehrendes Ärgernis, aus ökologischer Sicht jedoch wertvolle Kleinsthabitate. Sie eignen sich daher in besonderer Weise für Artenschutzmaßnahmen im Rahmen der EU-Agrarförderung, wobei das bestehende Ertragsrisiko durch eine sichere Einnahme aus Förderprämien ersetzt wird. Kiebitzinseln sind eine einfache Möglichkeit, Nassstellen für den Artenschutz herzurichten.

Dabei muss lediglich im Spätsommer/Herbst eine Schwarzbrache an der Nassstelle angelegt und jährlich erneuert werden. Bei der Erprobung erwiesen sich solche Flächen als besonders gut die:

1. mindestens 2 ha groß waren,
2. wenig Vegetation aufwiesen,
3. eine permanente Nassstelle besaßen und
4. an traditionell vom Kiebitz genutzten Brutplätzen lagen.

Der Kiebitz ist durch sein attraktives Äußeres, sein interessantes Verhalten und die einfache Beobachtbarkeit sehr gut als Zielart geeignet. Darüber hinaus profitieren auch andere Tier- und Pflanzenarten. Zudem wird der Biotopverbund gestärkt.

Was Sie aus diesem *essential* mitnehmen können

- Nassstellen auf Äckern lassen sich leicht zu einem Kiebitzbrutplatz umgestalten.
- Dazu muss lediglich der Vernässungsbereich selbst und ein angrenzender Feldbereich auf einer Mindestfläche von ca. 2 ha jährlich als Schwarzbrache hergerichtet werden.
- Dies hat auch Vorteile für den Landwirt, vor allem wenn der unsichere Ertrag an der Nassstelle durch einen sicheren Erlös aus einer Agrarumweltmaßnahme ersetzt werden kann.
- Neben dem seltenen Kiebitz profitieren auch andere Tier- und Pflanzenarten.
- Kiebitzinseln sind folglich ein Puzzleteil auf dem Weg zu einer nachhaltigen Landbewirtschaftung.

Literatur

Aebischer NJ, Green RE, Evans AD (2000) From science to recovery – four case studies of how research has been translated into conservation action in the UK. In: Aebischer NJ, Evans AD, Grice PV, Vickery JA (Hrsg) Ecology and conservation of lowland farmland birds. BOU, Southampton, S 43–54

Berger G, Pfeffer H (2011) Naturschutzbrachen im Ackerbau – Anlage und optimierte Bewirtschaftung kleinflächiger Lebensräume für die biologische Vielfalt – Praxishandbuch. Natur und Text, Rangsdorf

Bollmeier M (1992) Brutbestandserfassung von Kiebitz *Vanellus vanellus*, Großem Brachvogel *Numenius arquata* und Uferschnepfe *Limosa limosa* 1992 in Südniedersachsen. Vogelkdl. Ber. Niedersachsen 24(1992):77–95

Chamberlain DE, Gough SU, Anderson GQA, MacDonald MA, Grice PV, Vickery JA (2009) Bird use of cultivated fallow ‚Lapwing plots' within english agri-environment schemes. Bird Study 56(2009):289–297

Evans AD, Green RE (2007) An example of a two-tiered agri-environment scheme designed to deliver effectively the ecological requirements of both localized and widespread bird species in England. J Ornithol 148(2):279–286

Grüneberg C, Schielzeth H (2005) Verbreitung, Bestand und Habitatwahl des Kiebitzes *Vanellus vanellus* in Nordrhein-Westfalen – Ergebnisse einer landesweiten Erfassung 2003/2004. Charadrius 41(2005):178–190

Grüneberg C, Bauer HG, Haupt H, Hüppop O, Ryslavy T, Südbeck P (2015) Rote Liste der Brutvögel Deutschlands. 5. Fassung, 30. November 2015. Ber Vogelsch 52(2015):19–67

Heldbjerg H, Sunde P, Fox AD (2017) Continuous population declines for specialist farmland birds 1987–2014 in Denmark indicates no halt in biodiversity loss in agricultural habitats. Bird Conserv Int 27

Kleijn D, Berendse F, Smit R, Gilissen N (2001) Agri-environment schemes do not effectively protect biodiversity in Dutch agricultural landscapes. Nature 413(2001):723–725

Kleijn D, Berendse F, Smit R, Gilissen N, Smit J, Brak B, Groenveld R (2004) Ecological effectiveness of agri-environment schemes in different agricultural landscapes in the Netherlands. Conserv Biol 18(2004):775–786

MacDonald MA, Maniakowski M, Cobbold G, Grice PV, Anderson GQA (2012) Effects of agri-environment management for stone curlews on other biodiversity. Biol Conserv 148(2012):134–145

Schmidt JU, Dämmig M, Eilers A, Nachtigall W (2015) Das Bodenbrüterprojekt im Freistaat Sachsen 2009–2013 – Zusammenfassender Ergebnisbericht. Schriftenreihe des LfULG 4/2015, Dresden. https://publikationen.sachsen.de/bdb/artikel/23882/documents/33794. Zugegriffen: 25. Aug. 2016

Schmidt JU, Eilers A, Schimkat M, Krause-Heiber J, Timm A, Siegel S, Nachtigall W, Kleber A (2017) Factors influencing the success of within-field AES fallow plots as key sites for the Northern Lapwing *Vanellus vanellus* in an industrialised agricultural landscape of Central Europe. J Nat Conserv 35(2017):66–76

Shrubb M (2007) The lapwing. Poyser, London

Statistisches Amt der DDR (Hrsg) (1990) Statistisches Jahrbuch der Deutschen Demokratischen Republik, 90. Haufe Verlag, Berlin

GPSR Compliance

The European Union's (EU) General Product Safety Regulation (GPSR) is a set of rules that requires consumer products to be safe and our obligations to ensure this.

If you have any concerns about our products, you can contact us on

ProductSafety@springernature.com

In case Publisher is established outside the EU, the EU authorized representative is:

Springer Nature Customer Service Center GmbH
Europaplatz 3
69115 Heidelberg, Germany

www.ingramcontent.com/pod-product-compliance
Lightning Source LLC
LaVergne TN
LVHW020352260326
834688LV00045B/1690